Henrik May

Die Fibonacci-Zahlen. Über die Fibonaccifolge, den goldenen Schnitt und deren Auftreten in Natur und Wirtschaft

GRIN Verlag

Bibliografische Information der Deutschen Nationalbibliothek:

Die Deutsche Bibliothek verzeichnet diese Publikation in der Deutschen National-
bibliografie; detaillierte bibliografische Daten sind im Internet über http://dnb.d-
nb.de/ abrufbar.

Impressum:

Copyright © 2011 GRIN Verlag, Open Publishing GmbH
Druck und Bindung: Books on Demand GmbH, Norderstedt Germany
ISBN: 978-3-656-44048-2

Dieses Buch bei GRIN:

http://www.grin.com/de/e-book/212784/die-fibonacci-zahlen-ueber-die-fibonacci-
folge-den-goldenen-schnitt-und

Facharbeit

Die Fibonaccizahlen

Karl Henrik May

Werner-Heisenberg-Gymnasium

10.04.2011

Inhalt

Coverbild: pixabay.com

1. Einleitung

Die Fibonacci-Folge:

$$f_n = f_{n-1} + f_{n-2}$$

Sie ist eine der ältesten Folgen der Menschheit. Benannt wurde sie zwar nach Leonardo Fibonacci, der sie 1227 beschrieb, doch bekannt war sie schon in der Antike um 100 v.Chr. – im asiatischen Raum sogar schon früher. Seitdem beschäftigt sie Mathematiker wie auch Nicht-Mathematiker mit ihren zahllosen interessanten Eigenschaften und Anwendungsgebieten. So ist die Folge mittlerweile schon fast zum Kult geworden, sodass vier Mal im Jahr der „The Fibonacci Quaterly", herausgegeben von der „Fibonacci Association", erscheint. Huberta Lausch spricht sogar von der „verborgenen Schönheit [der Folge und] ihren vielfältigen Verflechtungen mit vielen Teilgebieten der Mathematik"[1]. Leider kann die folgende Arbeit nur einen kleinen Teil dieses „Faszinosums Fibonacci" beleuchten, doch werden die grundlegenden Eigenschaften aufgezeigt und dargestellt. Auch die Anwendung der Fibonacci-Folge im täglichen Leben, vor allem in der Natur, macht einen großen Teil der Arbeit aus. Unter anderem werden Schlüsse von der Fibonacci-Folge auf Gebiete wie die Vererbungslehre, die Botanik und auch die Aktienanalyse gezogen.

2. Leonardo Fibonacci – Biographie

Leonardo da Pisa, auch Fibonacci genannt, zählt, unter anderem dank der Entdeckung der nach ihm benannten Fibonacci-Folge, zu den bedeutendsten Mathematikern des Mittelalters.

Leonardo wurde in den Quellen mit unterschiedlichen Namen benannt. Bekannt ist aber, dass er, wie die anderen männlichen Mitglieder seiner Familie den Namen seines Großvaters *Bonaccio* („der Gütige") als Patronym[2] trug. Infolge dessen wurde er auch als *figlio de Bonaccio* („Sohn des Bonaccio") bezeichnet, woraus später durch Kontraktion der Name *Fibonacci* entstand.

Geboren wurde Fibonacci um 1180 in Pisa als einer von zwei Söhnen des Guglielmo Bonacci. Als sein Vater um 1192 als Notar in die Niederlassung der Pisaner

---

[1] [6, Vorwort]
[2] Ein Patronym gibt den Vornamen des Vaters einer Person an.

Kaufmannschaft nach Bougie gerufen wurde, nahm dieser seinen Sohn Leonardo mit, sodass dieser dort im Rechnen unterrichtet wurde. Er lernte das Rechnen mit den *novem figurae indorum*[3], was er im Nachhinein als sehr positiv bewertete und zu deren Verbreitung in Europa er maßgeblich beitrug.

Später reiste Fibonacci vor allem im Mittelmehrraum sehr viel. Auf Studienreisen besuchte er Handelsorte in Ägypten, Syrien, Griechenland, Sizilien, Südfrankreich und Konstantinopel.

Fibonacci verfasste einige Werke über die Mathematik. Das bekannteste ist sein *Liber abacci*[4], in dem er 1202[5] seine gesamten gesammelten Erkenntnisse zusammenfasst. Im zwölften Kapitel dieses Buches findet sich auch die berühmte Kaninchenaufgabe – der einzige Anwendungsfall der Fibonacci-Folge – die in dieser Arbeit später noch einmal angesprochen wird.

Die letzte schriftliche Erwähnung des Leonardo Fibonacci findet sich im Jahre 1241[4] in einem Dokument der Kommune Pisa, sodass dieses Datum , vorausgesetzt es ist korrekt, als frühestes mögliches Todesdatum angenommen werden kann. [1]

3. Die Fibonacci-Folge

Die Fibonacci-Folge tauchte zum ersten Mal im zwölften Kapitel des *Liber abacci* auf. Eine Aufgabe dort lautet:

> *„Ein Mann hielt ein Paar Kaninchen an einem Ort, der ringsum von einer Mauer umgeben war, um herauszufinden, wieviele Paare daraus in einem Jahr entstünden. Dabei ist es ihre Natur, jeden Monat ein neues Paar auf die Welt zu bringen, und sie gebären erstmals im zweiten Monat nach ihrer Geburt. Wieviele Kaninchenpaare entstehen im Verlauf eines Jahres?"*[6] [3]

---

[3] „neun Ziffern der Inder": Es handelt sich um unsere heutigen (indo-arabischen) Ziffern, die sich im 12. Jahrhundert über den arabischen Einfluss in Spanien auch im Westen verbreiteten.
[4] „Buch der Rechenkunst": Es umfasste 15 Kapitel und gilt als Meilenstein in der mittelalterlichen Mathematik.
[5] Die Datierung ist nicht einwandfrei möglich, da in der damaligen Zeitrechnung das Jahr mit dem 25. März – nach unserer Zeitrechnung – des Vorjahres begann. Wurde das Datum also nicht zwischen Januar und 24.März festgeschrieben, so muss ein Jahr abgezogen werden.
[6] Deutsche Übersetzung aus dem 12. Kapitel des Liber abacci nach der lateinischen Edition von B. Boncompagni, Rom 1857, S. 283f. Signatur 73155: 1

Zunächst muss erwähnt werden, dass die Kaninchen weder sterben oder fliehen, noch dass ihre Zeugungsfähigkeit im Laufe der Zeit eingeschränkt wird. Des Weiteren wird erklärt, dass das erste Paar schon nach dem ersten Monat ein zweites Paar gebiert, welches dann im zweiten Monat aber noch nicht geschlechtsreif ist, sodass am Ende des zweiten Monats drei Paare vorhanden sind. Im dritten Monat bekommt das zweite Paar, genau wie das erste, Junge, sodass zusammen mit dem noch unreifen Paar aus Monat zwei nun insgesamt 5 Paare vorhanden sind; und so weiter. Abbildung 1 (s. Anhang) veranschaulicht den Sachverhalt.

Mathematisch lässt sich das Problem folgendermaßen darstellen (f_n gibt die Anzahl der Paare zu Beginn des n-ten Monats an):

Am Anfang waren noch keine Kaninchen vorhanden und zu Beginn des ersten Monats besagtes erste Paar. Es gilt also:

$$f_0 = 0$$
$$f_1 = 1$$

Die Anzahl der Kaninchen zu Beginn eines Monats lässt sich berechnen aus der Summe der Kaninchen, die im Monat davor schon vorhanden waren f_{n-1} und den neu hinzugekommenen Kaninchen. Diese entspricht der Anzahl der geschlechtsreifen Kaninchen, welche wiederum der Anzahl der Kaninchen zwei Monate vorher f_{n-2} entspricht, da die neugeborenen Kaninchen einen Monat brauchen um Junge bekommen zu können. Es folgt:

$$f_n = f_{n-1} + f_{n-2} \; mit \; n \geq 2; \; n \in \mathbb{N} \tag{1a}$$

Diese rekursive Folge nennt man **Fibonacci-Folge**.

Durch Substitution von n durch $n + 1$ beziehungsweise $n + 2$ erhält man alternativ auch

$$f_{n+1} = f_n + f_{n-1} \; mit \; n \geq 1; \; n \in \mathbb{N} \tag{1b}$$
$$f_{n+2} = f_{n+1} + f_n \; mit \; n \geq 0; \; n \in \mathbb{N} \tag{1c}$$

Für die Fibonacci-Folge (1) ergibt sich folgende Wertetabelle: (f_n: Anzahl der Paare nach n Monaten)

f_0	f_1	f_2	f_3	f_4	f_5	f_6	f_7	f_8	f_9	f_{10}	f_{11}	f_{12}	f_{13}	f_{14}	f_{15}	f_{16}	...
0	1	1	2	3	5	8	13	21	34	55	89	144	233	377	610	987	...

Die Lösung der Kaninchenaufgabe ist $f_{13} = 233$, da genau mit Beginn des 13ten Monats ein volles Jahr verstrichen ist. [4 S.2/3]

4. Eigenschaften der Fibonacci-Folge

4.1. Satz 1

Eine sehr interessante Beziehung zwischen Fibonaccizahlen, die sich durch die vollständige Induktion leicht beweisen lässt, zeigt folgender Satz:

$$f_{n+m} = f_{n-1}f_m + F_n F_{m+1} \qquad (2)$$

Beweis:

durch vollständige Induktion nach m.

Induktionsanfang:

Der Induktionsanfang wird für m=1 und m=2 gezeigt. Dass er für m=0 ($f_0 = 0$ und $f_1 = 1$) gilt, ist offensichtlich.

$m = 1 \rightarrow \qquad f_{n+1} = f_{n-1}f_1 + f_n f_2 = f_{n-1} * 1 + f_n * 1 = f_{n-1} + f_n$

$m = 2 \rightarrow \qquad f_{n+2} = f_{n-1}f_2 + f_n f_3 = f_{n-1} * 1 + f_n * 2 = (f_{n-1} + f_n) + f_n = f_{n+1} + f_n$

was beides laut Rekursionsformel (1a) und (1b) der Fibonacci-Folge für alle n∈ℕ gilt.

Induktionsvoraussetzung:

Es gilt für ein m∈ℕ und für $m + 1$:

$$f_{n+m} = f_{n-1}f_m + f_n f_{m+1}$$

$$f_{n+m+1} = f_{n-1}f_{m+1} + f_n f_{m+2}$$

Induktionsschritt:

Durch Addition ergibt sich:

$$f_{n+m} + f_{n+m+1} = f_{n+m+2} = f_{n-1}(f_m + f_{m+1}) + f_n(f_{m+1} + f_{m+2}) = f_{n-1}f_{m+2} + f_n f_{m+3}$$

Damit ist die Behauptung für f_{n+m+2} und somit für alle m∈N bewiesen. $\square$ [6 S.9]

4.2. Satz 2

Es soll die Summe der Quadrate der ersten n Fibonaccizahlen errechnet werden. Es gilt:

$$\sum_{i=1}^{n} f_i^2 = f_n f_{n+1}$$

Beweis:

Es gilt laut Rekursionsformel (1b) $f_i^2 = f_i(f_{i+1} - f_{i-1}) = f_i f_{i+1} - f_{i-1} f_i$ für $i = 2, \dots, n$.

Für f_1 hingegen gilt $f_1 = f_1 f_2$. Setzt man beides in $\sum_{i=1}^{n} f_i^2$ ein, so erhält man[7]:

$$\sum_{i=1}^{n} f_i^2 = f_1 f_2 + \sum_{i=2}^{n} (f_i f_{i+1} - f_{i-1} f_i) = f_n f_{n+1}$$

□[6 S.5]

4.3. Die Formel von Binet

Zwar lassen sich Fibonaccizahlen durch Sätze wie Satz 1 berechnen, allerdings nur mithilfe vorhergehender Fibonaccizahlen. Möchte man sehr große Fibonaccizahlen berechnen ist dies mithilfe der Rekursion sehr aufwendig. Deshalb wird stattdessen eine Formel benötigt, die die n-te Fibonaccizahl nicht in Abhängigkeit der vorhergehenden Fibonaccizahlen, sondern nur in Abhängigkeit von n angibt. Es wird also eine explizite Definition für die Fibonacci-Folge gesucht. Diese Formel fand 1843 der Franzose *Jacues Philippe Marie Binet* (1786-1856).

Herleitung

Da die Fibonacci-Folge, wie man auf Seite 4 sieht, sehr schnell anwächst, wird eine exponentielle Zunahme angenommen. Der Ansatz lautet also, dass für das n-te Folgenglied f_n gilt:

$$f_n = \lambda^n$$

wobei λ eine unbekannte reelle oder komplexe[8] Zahl ist. Setzt man dies in die Gleichung (1b) ein so erhält man:

$$\lambda^{n+1} = \lambda^n + \lambda^{n-1}$$

---

[7] Zum Verständnis: $f_1 f_2 + \sum_{i=2}^{n}(f_i f_{i+1} - f_{i-1} f_i) = f_1 f_2 + (f_2 f_3 - f_1 f_2) + (f_3 f_4 - f_2 f_3) + \cdots + (f_n f_{n+1} - f_n f_{n-1})$

[8] „Komplexe Zahlen erweitern den Zahlenbereich der reellen Zahlen derart, dass die Gleichung x² + 1 = 0 lösbar wird." Zitat: http://de.wikipedia.org/wiki/Komplexe_Zahl (Aufgerufen am 13.03.2011)

Division durch λ^{n-1} ergibt:

$$\lambda^2 = \lambda + 1$$

Diese sogenannte **charakteristische Gleichung** der Fibonacci-Folge besitzt laut p-q-Formel

die Lösungen $\lambda_1 = \frac{1+\sqrt{5}}{2}$ und $\lambda_2 = \frac{1-\sqrt{5}}{2}$.

Es bestehen also zwei Folgen {a_n} und {b_n} mit

$$a_n = \lambda_1^n$$

$$b_n = \lambda_2^n$$

, die die Rekursion (1b) erfüllen. Des Weiteren gilt diese aber, solange {a_n} und {b_n} (1b)

erfüllen, auch für jede Folge {c_n} mit[9]

$$c_n = ra_n + sb_n$$

Da die Anfangswerte der Fibonacci-Folge mit $f_0 = 0$ und $f_1 = 1$ bekannt sind lässt sich

das lineare Gleichungssystem

$$0 = r + s$$

$$1 = r\frac{1+\sqrt{5}}{2} + s\frac{1-\sqrt{5}}{2}$$

aufstellen und nach $r = \frac{1}{\sqrt{5}}$ und $s = -\frac{1}{\sqrt{5}}$ lösen. Durch Einsetzen erhält man die Formel

von Binet:

$$f_n = \frac{1}{\sqrt{5}}\left[\left(\frac{1+\sqrt{5}}{2}\right)^n - \left(\frac{1-\sqrt{5}}{2}\right)^n\right]$$

Oft wird $\left(\frac{1+\sqrt{5}}{2}\right) = \Phi$ und $\left(\frac{1-\sqrt{5}}{2}\right) = \Psi$ eingesetzt, sodass man erhält:

$$f_n = \frac{\Phi^n - \Psi^n}{\sqrt{5}} \quad \text{[6. S.18-20]} \tag{3}$$

4.4.   Fibonaccizahlen mit negativen Indizes

Stellt man Formel (1a) um so erhält man:

$$f_{n-2} = f_n - f_{n-1} \tag{4}$$

Daraus lassen sich nun Fibonaccizahlen mit n<0 berechnen. Zum Beispiel:

$f_{-1} = f_1 - f_0 = 1 - 0 = 1; f_{-2} = f_0 - f_{-1} = 0 - 1 = -1$ und allgemein ergibt sich:

$$f_{-n} = (-1)^{n+1}f_n$$

---

[9] Der Beweis dieser Aussage findet sich im Anhang unter Beweis 1.

Beweis

Durch Induktion „rückwärts" nach n

Induktionsanfang:

Für $f_{-1} = 1$ und $f_{-2} = -1$ gilt die Behauptung.

Induktionsvoraussetzung:

Für n>0 gilt $f_{-(n-1)} = (-1)^n f_{n-1}$ und $f_{-n} = (-1)^{n+1} f_n$

Induktionsschritt:

Aus (4) ergibt sich:

$$f_{-(n+1)} = f_{-(n-1)} - f_{-n} = (-1)^n f_{n-1} - (-1)^{n+1} f_n = (-1)^{n+2}(f_{n-1} + f_n) =$$

$$(-1)^{n+2} f_{n+1} \qquad\qquad\qquad\qquad\qquad\qquad\qquad\qquad\qquad \square$$

Auf diese Weise kann man also zeigen, dass die Fibonacci-Folge auch für $n < 0$ definiert

ist. [6 S.28/29]

4.5. Satz 3

Mithilfe des Satzes 1 lässt sich beweisen, das Fibonaccizahlen f_m und f_n mit einander

teilenden Indizes ($m, n \in \mathbb{N}$) einander teilen, also:

$$Wenn\ gilt\colon m|n\ dann\ gilt\ auch\colon f_m|f_n$$

Beweis

Laut Voraussetzung gilt: $n = km$ für ein passendes $k \in \mathbb{N}$.

Vollständige Induktion nach k:

Induktionsanfang:

Wenn $k = 1$ dann ist $m = n$ und die Aussage des Satzes ist richtig.

Induktionsvoraussetzung:

$$f_m|f_{km}$$

Induktionsschritt:

Unter Verwendung von (2) folgt:

$$f_{m(k+1)} = f_{km+m} = f_{km-1}f_m + f_{km}f_{m+1}$$

Der erste Summand auf der rechten Seite ist durch f_m teilbar und der zweite ist es laut

Voraussetzung auch. Daher ist f_m auch ein Teiler von $f_{m(k+1)}$.   □[6. S65]

4.6. Der goldene Schnitt

Johannes Kepler stellte fest, dass der Quotient zweier aufeinanderfolgender

Fibonaccizahlen f_n und f_{n+1} sich der **goldenen Zahl** Φ (bei immer größer werdenden n)

annähert:

$$\lim_{n\to\infty} \frac{f_{n+1}}{f_n} = \Phi \approx 1{,}618$$

Dies lässt sich leicht erklären indem man die Formel von Binet (3) einsetzt:

$$\lim_{n\to\infty} \frac{f_{n+1}}{f_n} = \lim_{n\to\infty} \frac{\dfrac{\Phi^{n+1} - \Psi^{n+1}}{\sqrt{5}}}{\dfrac{\Phi^n - \Psi^n}{\sqrt{5}}} = \lim_{n\to\infty} \frac{\Phi^{n+1} - \Psi^{n+1}}{\Phi^n - \Psi^n}$$

Da $\Psi < 0$ ist die Folge $b_n = \Psi^n$ eine Nullfolge und hat somit bei größer werdendem n

immer weniger Einfluss auf den Quotienten. $a_n = \Phi^n$ hingegen steigt bei größer

werdendem n an, sodass gilt[10]:

$$\lim_{n\to\infty} \frac{\Phi^{n+1} - \Psi^{n+1}}{\Phi^n - \Psi^n} = \lim_{n\to\infty} \frac{\Phi^{n+1} - 0}{\Phi^n - 0} = \lim_{n\to\infty} \frac{\Phi^{n+1}}{\Phi^n} = \Phi$$

Da Ψ^n bei geraden n positiv und bei ungeraden n negativ ist, ist $\frac{f_{n+1}}{f_n}$ abwechselnd größer

bzw. kleiner als Φ.

Die Teilung zum Beispiel einer Strecke im Verhältnis des **goldenen Schnitts** empfindet der

Mensch als besonders harmonisch:

A   T   B

Dieses Verhältnis ist dann gegeben, wenn sich die größere Teilstrecke zur Gesamtstrecke

so verhält, wie die kleinere Teilstrecke zur größeren, also wenn gilt:

$$\frac{\overline{AT}}{\overline{TB}} = \frac{\overline{AB}}{\overline{AT}} = \frac{\overline{AT} + \overline{TB}}{\overline{AT}} = 1 + \frac{\overline{TB}}{\overline{AT}}$$

---

[10] Siehe dazu Abbildung 2 und 3

Setzt man nun die Variable $\lambda = \frac{\overline{AT}}{\overline{TB}}$, so erhält man wieder die bekannte Gleichung

$\lambda = 1 + \frac{1}{\lambda} \rightarrow \lambda^2 = \lambda + 1$ mit den Lösungen $\lambda_1 = \Phi$ und $\lambda_2 = \Psi$. Da die negative Lösung

λ_2 entfällt, muss für den goldenen Schnitt gelten

$$\frac{\overline{AT}}{\overline{TB}} = \Phi$$

Haben $\overline{AT}$ und $\overline{TB}$ also z.B. die Länge von Fibonaccizahlen, so handelt es sich ungefähr um einen goldenen Schnitt. Anwendungen dazu finden sich im Thema 5.2 *Fibonacci in der Natur*. [2; 6 S. 119-121]

5. Anwendungen

5.1. Vererbung von X-Chromosomen

Eine sehr interessante Anwendung der Fibonacci-Folge findet sich in der Vererbungslehre wieder. Jedes Individuum einer zweigeschlechtlichen Lebensform, im Folgenden der Einfachheit halber am Beispiel des Menschen erklärt, besitzt in der ersten Generation 2 Vorfahren (Vater und Mutter), in der zweiten Generation 4 Vorfahren (die Großeltern) und in der $n$ten Generation 2^n Vorfahren. Jede Frau erhält bei der Vererbung ihre beiden X-Chromosomen jeweils vom Vater und von der Mutter, während ein Mann sein (einziges) X-Chromosom immer von der Mutter erbt (siehe auch Abbildung 4).

Gefragt wird nun nach der Anzahl f_n der am X-Chromosom eines Mannes teilhabenden[11] Menschen in der $n$ten Generation. Da jeder Mensch in der *(n-1)*ten Generation genau eines seiner X-Chromosomen von einer Frau geerbt hat, gilt für die Anzahl der Frauen in der $n$ten Generation w_n :

$$w_n = f_{n-1}$$

Allerdings erbten die Frauen in der *(n-1)*ten Generation, deren Anzahl w_{n-1} genau der beteiligten Menschen in der *(n-2)*ten Generation f_{n-2} entspricht, eines ihrer X-Chromosomen auch von ihren Vätern (der $n$ten Generation), sodass deren Anzahl v_n noch addiert werden muss um f_n zu erhalten:

$$f_n = w_n + v_n = w_n + w_{n-1} = f_{n-1} + f_{n-2}$$

---

[11] Die genaue Vererbungslehre ist in diesem Fall unrelevant. Es wird gesucht nach jeder Person, die potentiell das X-Chromosom mitbeeinflusst haben könnte.

Die entstehende Folge entspricht genau wieder der Fibonacci-Folge. [5 S.6/7]

5.2.   Fibonacci in der Natur

Die Goldene Spirale

Ordnet man Quadrate, deren Seitenlängen Fibonaccizahlen sind, so an, dass sich eine fortlaufende Spirale bildet (siehe Abbildung 5), so erhält man ein **goldenes Rechteck**, das man wiederum in ein Quadrat und in ein goldenes Rechteck aufteilen kann. Außerdem lässt es deutlich die Gültigkeit von *Satz 2* erkennen. Die Summe der Quadrate der ersten n Fibonaccizahlen entspricht dem Produkt aus f_n und f_{n+1}. Zeichnet man wie in der Abbildung nun einen Viertelkreis in jedes Quadrat so erhält man die **goldene Spirale**. Das Verhältnis zweier aufeinanderfolgender Radien dieser Spirale entspricht dem **goldenen Schnitt** Φ. Wie das Deckblatt und Abbildung 6 zeigen, bedient sich vor allem die Nautilus-Schnecke dieses Aufbaus. Die Schnecke kann auch diese Weise entsprechend der Fibonacci-Folge wachsen und ihr Volumen immer weiter erhöhen, ohne die Form ihrer Biegung zu ändern. [6 S.133; 7; 8]

Der Goldene Winkel

Auch ein Kreis lässt sich im Verhältnis des **Goldenen Schnittes** teilen. Es gilt:

$$\Psi_2 = \frac{360°}{\Phi} \approx 222{,}50°$$

$$\Psi_1 = 360° - \Psi_2 \approx 137{,}50°$$

Die zwei Winkel teilen den Kreis entsprechend des goldenen Schnittes. Durch wiederholte Drehung um einen dieser Winkel erhält man stetig neue Positionen, da Ψ_1 und Ψ_2 irrationale Zahlen sind. Diese Tatsache machen sich viele Pflanzen wie die Sonnenblume, Kohlarten, Kiefern, Agaven, viele Palmen- und Yucca-Arten und die Rose zunutze: Aufgrund der immer neuen Positionen kommt es nie vor, dass das eine Blatt das andere vollkommen überlagert, was wiederum die Photosynthese hemmen würde. Projiziert man die Blätter einer dieser Pflanzen auf eine Ebene (siehe Abbildung 7) so wächst ein neues Blatt immer im Winkel Ψ_1 vom nächsten entfernt. Das liegt daran, dass an jeder Blattwurzel Hemmstoffe in an den Pflanzenstamm abgegeben werden.[12] Würde der Winkel zwischen zwei Blattwurzeln den Vollkreis im rationalen Verhältnis $\frac{m}{n}$ teilen, so

---

[12] Es bestehen unterschiedliche Theorien, wie genau die Biologie in diesem Punkt funktioniert.

wüchse das $n$te Blatt wieder in dieselbe Richtung wie das erste. Dadurch wäre der Abstand der beiden Blätter sehr gering und das $n$te Blatt würde sehr stark von den Hemmstoffen des ersten Blattes beeinflusst. Der Winkel zwischen zwei Blattwurzeln muss also ein irrationaler sein – bei den oben genannten Pflanzen hat sich durch die Evolution genau Ψ_1 eingestellt. Leonardo da Pisa selbst stellte schon Vermutungen über den Grund dieser Tatsache an. [8; 9]

Ordnet man Blätter in der beschriebenen Art und Weise (siehe Abbildung 7) an und nummeriert sie fortlaufend, so entstehen sogenannte **Fibonacci-Spiralen**. Diese Spiralen bestehen aus Blättern, deren Nummern den Abstand f_n haben – wobei f_n eine Fibonaccizahl ist. Aufgrund der Tatsache, dass

$$f_n * \Psi_1 = f_n * \frac{360°}{\Phi} \approx n * \frac{f_{n-1}}{n} * 360° = f_{n-1} * 360°$$

ergibt sich nach f_n Blättern in etwa ein Vielfaches von 360°, also gesamte Umdrehung. Da das Verhältnis zweier Fibonaccizahlen $\frac{m}{n}$ aber abwechselnd etwas größer oder kleiner als Φ ist[13], entstehen mal rechts und mal linksdrehende Spiralen. [8]

Der Goldene Schnitt

Das Ziel von Korbblütlern ist es möglichst viele Samen auf dem gegebenen Raum unterzubringen. Dazu werden die Samen in Spiralen um den Mittelpunkt angeordnet. Zählt man die rechtsdrehenden und die linksdrehenden Spiralen im Samenstand von solcher Pflanzen so erkennt man, dass die Anzahl dieser Spiralen immer zwei aufeinanderfolgenden Fibonaccizahlen entspricht: Kiefernzapfen haben fünf und acht Spiralen, Tannenzapfen acht und 13, Gänseblümchen 13 und 21 (siehe Abbildung 8) und Sonnenblumen 34 und 55, bei großen Exemplaren 55 und 89 oder sogar 89 und 144. Dies ermöglicht eine optimale Platzausnutzung. [8; 10]

5.3. Fibonacci Trading

Der Amerikaner Ralph-Nelson Elliott entwickelte von 1932 bis 1934 nach jahrelanger Beobachtung von Aktionenkursen an der Wall Street eine Theorie der Marktvorhersage, die den psychologisch bedingten Optimismus beziehungsweise Pessimismus der Anleger mit einbezog, die sogenannte Eliott-Wellen-Theorie. Laut dieser Theorie besteht eine Kursbewegung entlang eines Trends immer aus fünf Wellen in Trendrichtung (1-5) und

---

[13] Siehe *4.6 Der goldene Schnitt*

drei Wellen gegen Trendrichtung (A-C) (siehe Abbildung 9). Dabei folgt aber auf jede Welle eine sogenannte *Ausgleichswelle*, die die Wirkung ihres Vorgängers relativiert. Da die Wellen eine fraktale Struktur[14] besitzen, kann jede Welle durch genauere Betrachtung, oder durch Betrachtung über einen längeren Zeitraum wieder unterteilt werden. Folgt eine Welle ihrer Hauptwelle (also der Welle in der nächst höheren Ebene), so wird sie in fünf Wellen unterteilt; handelt es sich um eine Ausgleichswelle, so wird sie in drei Wellen unterteilt. Dadurch entsteht eine Abfolge von Wellen, wobei sich, verteilt über einen Zyklus mit f_{n+1} Wellen, immer f_n Wellen in Trendrichtung und f_{n-1} Wellen gegen Trendrichtung bewegen. Folgende Zusammenhänge lassen sich beaobachten:

- Die Länge der Welle fünf entspricht je nach Trend $(\Phi - 1) \approx 61{,}8\ \%$, 100% oder $(\Phi + 1) = 161{,}8\ \%$ der Länge von Welle eins.

- Der Endpunkt von Welle drei lässt sich errechnen durch das Produkt der Welle 1 mit Φ und Addition dieser Strecke zum Endpunkt der Welle zwei.

- Auch der Rückgang des Wertes einer Aktie nach einem starken Anstieg durch eine Ausgleichswelle kann berechnet werden. Der Marktanalytiker spricht von so genannten „Retracements". Steigt eine Aktie um x Punkte, so liegt der Endpunkt der darauffolgenden Ausgleichswelle bei maximal $\Phi - 1 \approx 61{,}8\ \%$ von x (61,8-%-Retracement) und bei minimal $1 - (\Phi - 1) \approx 38{,}2\ \%$ von x (38,2-%-Retracement), damit man nicht schon von einem Trendwechsel spricht. Diese äußerst wichtigen Rückkehrmarken lassen sich bei vielen Aktienverläufen deutlich erkennen, da der Kurs zumindest kurzzeitig an diesen Stellen seine Richtung verändert.

Begründet wird diese Theorie mit der Psyche des Menschen, der, wie es scheint, in bestimmten Situationen instinktiv bestimmte Vorhersagen macht und dementsprechend handelt.

Natürlich wird der Markt von vielen weiteren Faktoren beeinflusst, die eine genaue Marktvorhersage unmöglich machen. Das und die Tatsache, dass es das schwierigste Problem der Theorie ist, zu erkennen in welcher Phase man sich gerade befindet, machen die Eliott-Wellen-Theorie sehr umstritten. Im Nachhinein jedoch lassen sich die o.g.

---

[14] Geometrische Muster, die „selbstähnlich" sind, also die komplett in einem *Teil* von sich selbst enthalten sind.

Muster sehr häufig aus dem Aktienverlauf herauslesen. Einig sind sich Experten auch über den psychologischen Faktor beim Kaufverhalten.

Da man von Aktienindizes auch auf die von außen nicht beeinflussbaren Stimmungsschwankungen der gesamten Gesellschaft schließen kann, gibt es einen Teilbereich der Geschichts- oder Gesellschaftswissenschaft namens *Socionomics*, der versucht Muster in der gesellschaftlichen und historischen Entwicklung ganzer Staaten zu erkennen und daraus Vorhersagen zu treffen. [11, 12, 13]

6. Anhang

6.1. Quellen

1. http://de.wikipedia.org/wiki/Fibonacci

   Aufgerufen am 24.01.2011

2. http://de.wikipedia.org/wiki/Fibonacci-Folge

   Aufgerufen am 24.01.2011

3. http://www.library.ethz.ch/exhibit/fibonacci/fibonacci-poster-04-kaninchen.html

   Aufgerufen am 24.01.2011

4. http://www.cl.cam.ac.uk/~mgk25/kuhn-fa.pdf

   Aufgerufen am 24.01.2011

5. http://www.math.uni-hamburg.de/home/werner/GruMiFiboSoSe06.pdf

   Aufgerufen am 27.02.11

6. Lausch, Huberta: *Fibonacci und die Folge(n)*, Oldenbourg Wissenschaftsverlag, München 2009

7. http://www.scinexx.de/dossier-detail-152-15.html

   Aufgerufen am 31.03.11

8. http://de.wikipedia.org/wiki/Goldener_Schnitt

   Aufgerufen am 01.04.11

9. http://www.scinexx.de/dossier-detail-152-13.html

   Aufgerufen am 03.04.11

10. http://www.scinexx.de/dossier-detail-152-12.html

    Aufgerufen am 03.04.11

11. http://de.wikipedia.org/wiki/Elliott-Wellen

    Aufgerufen am 09.04.11

12. http://www.technische-analyse-portal.de/die-grundlagen-der-technischen-aktienanalyse/die-fibonacci-zahlen.html

    Aufgerufen am 09.04.11

13. http://hhorak.de/Ebelu/Fib/Fib.html

    Aufgerufen am 09.04.11

6.2. Abbildungen

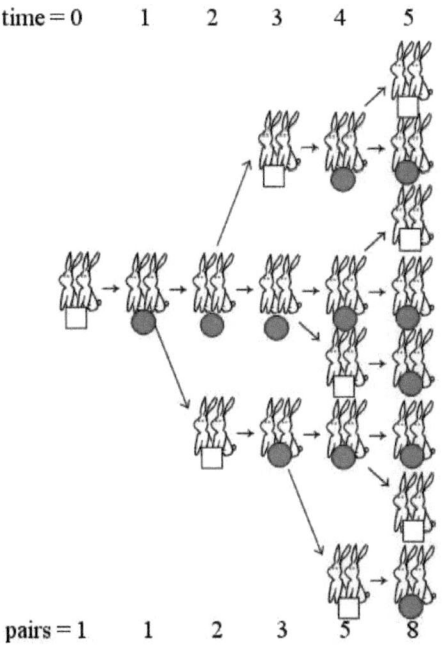

Abbildung 1: Kaninchenvermehrung (Kaninchen mit roten Kreisen sind bereits geschlechtsreif) [5 S.6]

Die Fibonaccizahlen   Karl Henrik May

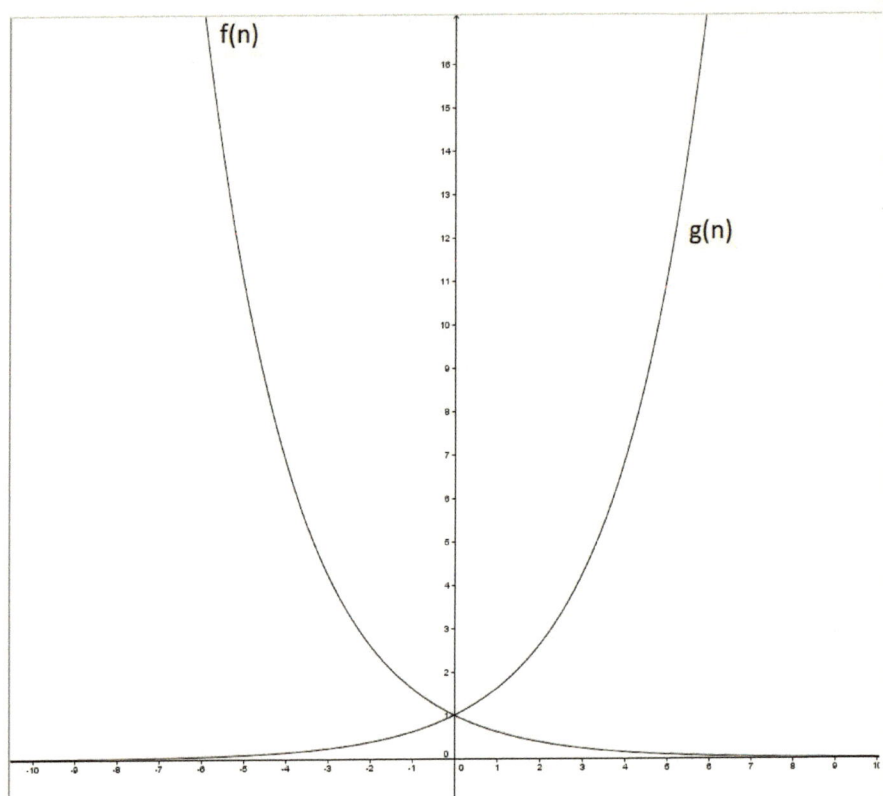

Abbildung 2 Graphen der Funktionen $f(n) = \Psi^n$ und $g(n) = \Phi^n$ [erstellt mit Geogebra]

Die Fibonaccizahlen   Karl Henrik May

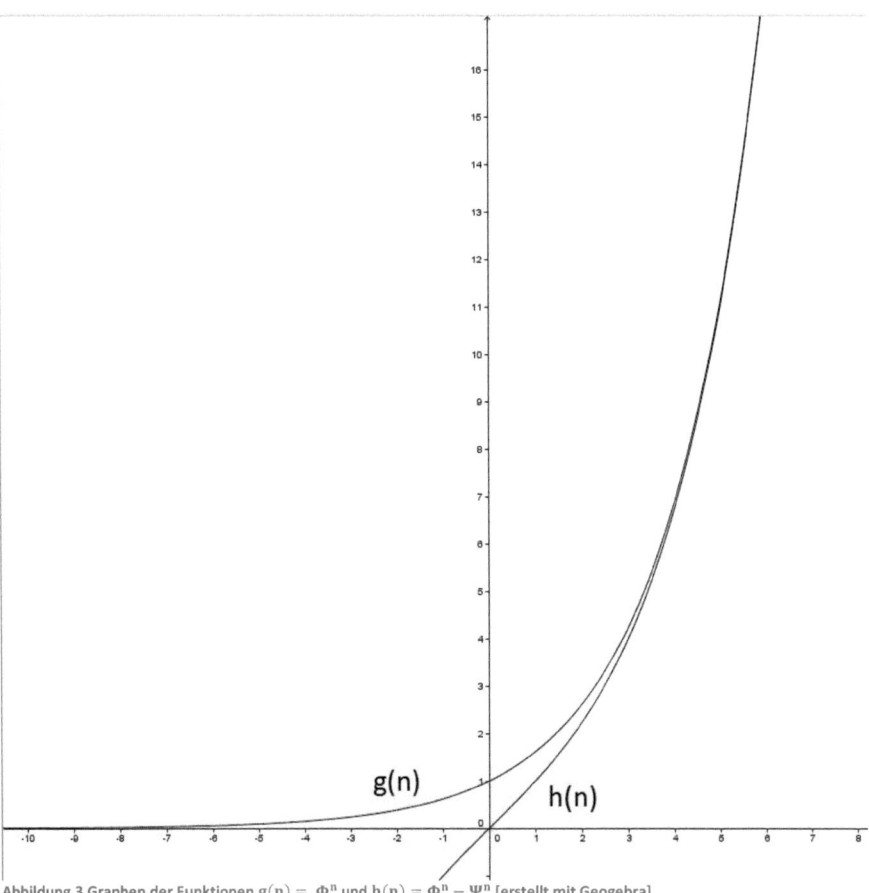

Abbildung 3 Graphen der Funktionen $g(n) = \Phi^n$ und $h(n) = \Phi^n - \Psi^n$ [erstellt mit Geogebra]

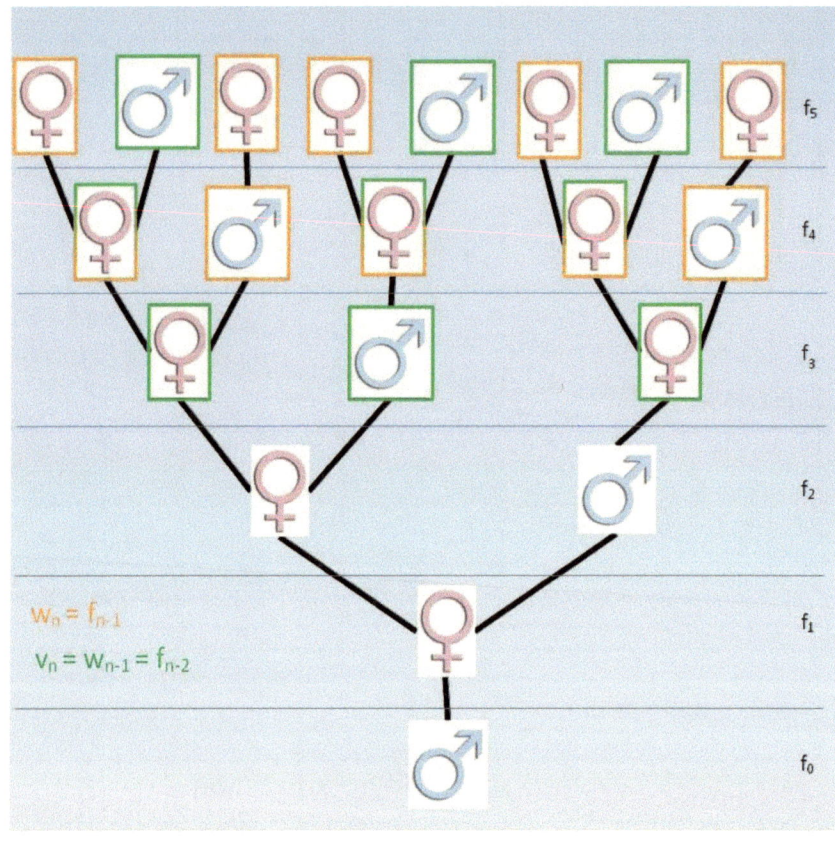

$$w_n = f_{n-1}$$
$$v_n = w_{n-1} = f_{n-2}$$

Abbildung 4 Vererbung von X-Chromosomen

Die Fibonaccizahlen   Karl Henrik May

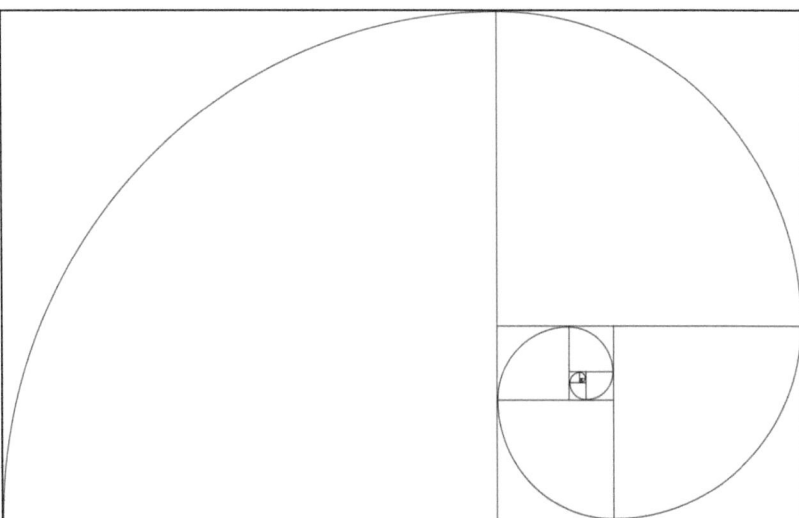

Abbildung 5 Goldene Spirale[15]

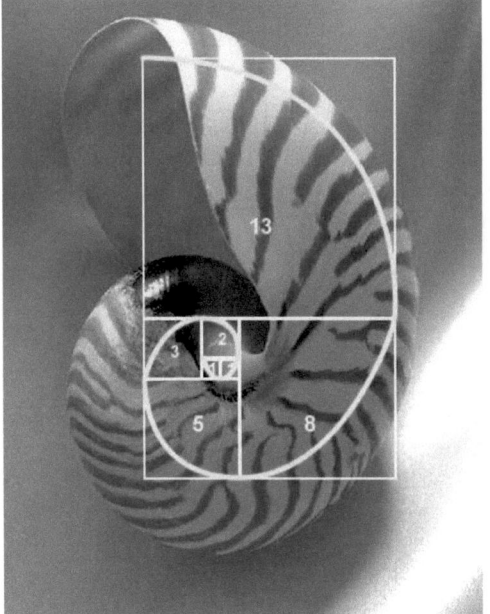

Abbildung 6 Nautilus-Schneck und goldene Spirale[16]

---

[15] Quelle http://www.mahomathome.de/blog/wp-content/uploads/2009/05/fibonacci_spiral.png
[16] Quelle: http://www.mathe.tu-freiberg.de/~hebisch/spiralen3/symm19g.jpg

Die Fibonaccizahlen · Karl Henrik May

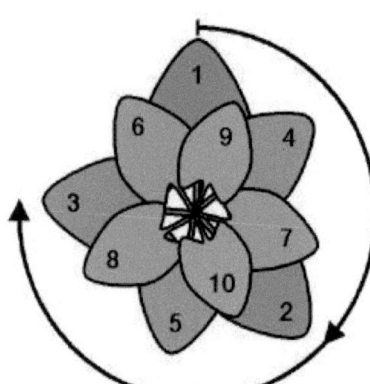

Abbildung 7 Blätter einer Pflanze auf einer Ebene[17]

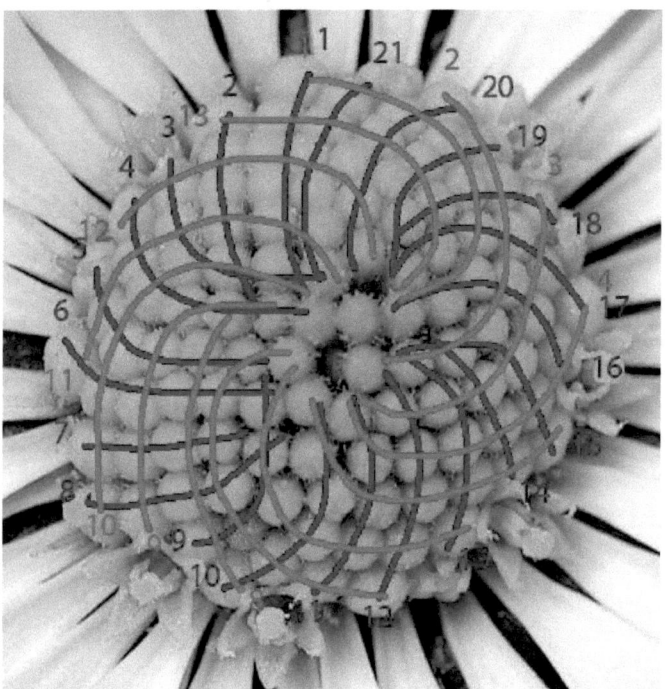

Abbildung 8 Blütenstand eines Gänseblümchens[18]

---

[17] Quelle: http://upload.wikimedia.org/wikipedia/commons/d/db/Goldener_Schnitt_Blattstand.png
[18] Quelle: http://de.academic.ru/pictures/dewiki/66/Bellis_perennis_white_(aka).jpg (Ausschnitt und eigene Bearbeitung)

Die Fibonaccizahlen   Karl Henrik May

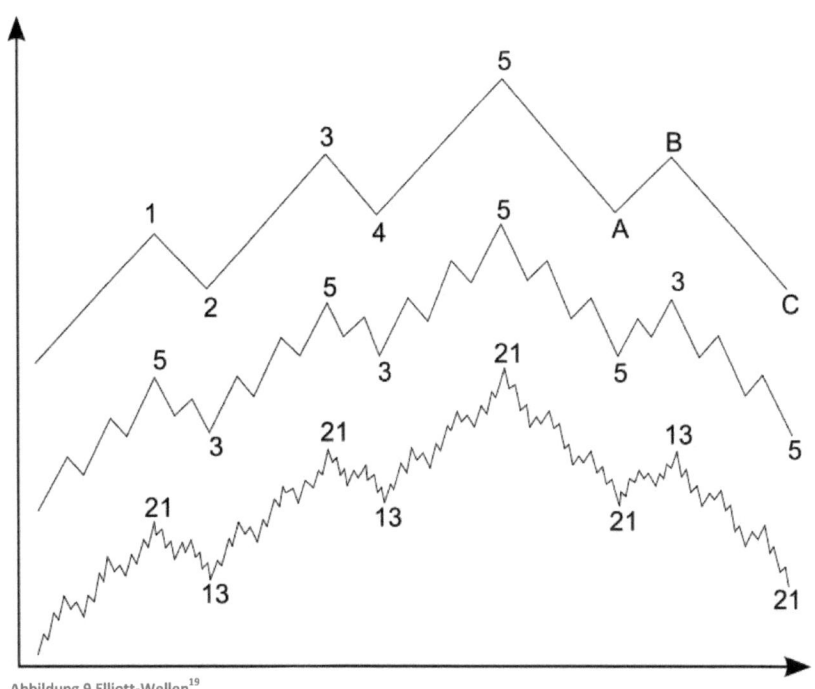

Abbildung 9 Elliott-Wellen[19]

6.3. Beweise

Beweis 1(S.6):

$$c_{n+1} = c_n + c_{n-1}$$

$$ra_{n+1} + sb_{n+1} = ra_n + sb_n + ra_{n-1} + sb_{n-1}$$

$$ra_{n+1} + sb_{n+1} = r(a_n + a_{n-1}) + s(b_n + sb_{n-1})$$

$$ra_{n+1} + sb_{n+1} = ra_{n+1} + sb_{n+1} \qquad \Box$$

---

[19] Quelle:
http://de.wikipedia.org/w/index.php?title=Datei:Elliott_wave.svg&filetimestamp=20070203081706
(Ausschnitt und eigene Bearbeitung)